BEI GRIN MACHT SICH IHR WISSEN BEZAHLT

- Wir veröffentlichen Ihre Hausarbeit, Bachelor- und Masterarbeit

- Ihr eigenes eBook und Buch - weltweit in allen wichtigen Shops

- Verdienen Sie an jedem Verkauf

Jetzt bei www.GRIN.com hochladen und kostenlos publizieren

Bibliografische Information der Deutschen Nationalbibliothek:

Die Deutsche Bibliothek verzeichnet diese Publikation in der Deutschen National-
bibliografie; detaillierte bibliografische Daten sind im Internet über http://dnb.d-
nb.de/ abrufbar.

Impressum:

Copyright © 2017 GRIN Verlag, Open Publishing GmbH
Druck und Bindung: Books on Demand GmbH, Norderstedt Germany
ISBN: 9783668475748

Dieses Buch bei GRIN:

http://www.grin.com/de/e-book/367639/sozialer-metabolismus-und-energie

Maximilian Moll

Sozialer Metabolismus und Energie

GRIN Verlag

Maximilian **Moll**
Abgabetermin: 31.05.2017

Seminararbeit

Sozialer Metabolismus am Beispiel
von Energie

Lehrveranstaltung:
„Integratives Geographisches Seminar (Mensch- Umwelt Beziehungen)"

Inhaltsverzeichnis

Abbildungsverzeichnis

<u>**Einleitung**</u>

Folgende Seminararbeit mit dem Titel „Sozialer Metabolismus am Beispiel von Energie" beschäftigt sich in den ersten beiden Kapiteln mit einigen wichtigen Grunddefinitionen zur Theorie des sozialen Metabolismus und der Energie. Im weiteren Verlauf wird zunächst der Energieverbrauch der Menschheit universalhistorisch zu Zeiten der Jäger und Sammlergesellschaften, der Agrargesellschaften sowie der Industriegesellschaften betrachtet und anschließend auf den Energieverbrauch Österreichs näher eingegangen. Darüber hinaus werden die globalisierten Gesellschaften näher betrachtet und dienen als Einleitung für die folgenden zwei Beispiele zur Vernetzung und zukunftsorientierten Betrachtung der weltweiten Energiesysteme. Abschließend wird im Fazit kurz die Wichtigkeit von vernetzten und nachhaltigen Energieversorgungssystemen skizziert.

1.   <u>Definition des sozialen Metabolismus</u>

Die Theorie des sozialen Metabolismus, auch als gesellschaftlicher Stoffwechsel bezeichnet, geht zurück auf Karl Marx, der im Jahr 1867 im seinem Werk „Der Erste Band des Kapitals" unten nachfolgenden Satz erwähnte und sich bereits intensiv mit den Austauschbeziehungen zwischen der menschlichen Gesellschaft und der materiellen Umwelt beschäftigte.

„Die Arbeit ist ein Prozess zwischen Mensch und Natur, ein Prozess, worin der Mensch seinen Stoffwechsel mit der Natur durch seine eigene Tat vermittelt und regelt und Kontrolliert." (vgl. Sieder und Langthaler 2010, S. 39)

Das Konzept des sozialen Metabolismus wurde jedoch erst ab 1997 um die Forschergruppe von Marina Fischer- Kowalski an der Universität Klagenfurt intensiv weiter entwickelt und im Rahmen der metatheoretischen Struktur der allgemeinen Systemtheorie eingebettet. Denn diese Theorie ist in allen beteiligten Wissenschaftsdisziplinen gebräuchlich, ermöglicht eine reibungslose Zusammenarbeit und stellt das Wirkungsgefüge zwischen der menschlichen Gesellschaft, sowie der materiellen Welt anschaulich dar (Groß 2011, S. 97 ff.).

Die wichtigsten Elemente sind dabei die Natur und die Kultur, die je ihren eigenen Regeln gehorchen, unabhängig voneinander existieren und sich nur in kleinen Teilbereichen überlappen. Die Natur beinhaltet dabei all jene Regeln, die räumlich- zeitlich strukturiert sind und von den Naturwissenschaften beschrieben werden, die Kultur hingegen unterliegt ganz anderen Regeln, beispielsweise denen der Sprache, Grammatik oder den Symbolen und Zeichen der Kommunikation.

Zwischen diesen beiden Systemen, der materiellen Welt auf der einen Seite und der menschlichen Gesellschaft auf der anderen Seite, braucht es ein Bindeglied. Dies ist der Mensch, organisiert in

Gesellschaften, denn der Mensch ist einerseits in der Lage zu kommunizieren und Regeln der menschlichen Gesellschaft zu verstehen aber er ist durch seinen physischen Körper auch den Naturgesetzen unterlegen (Groß 2011, S. 97 ff.).

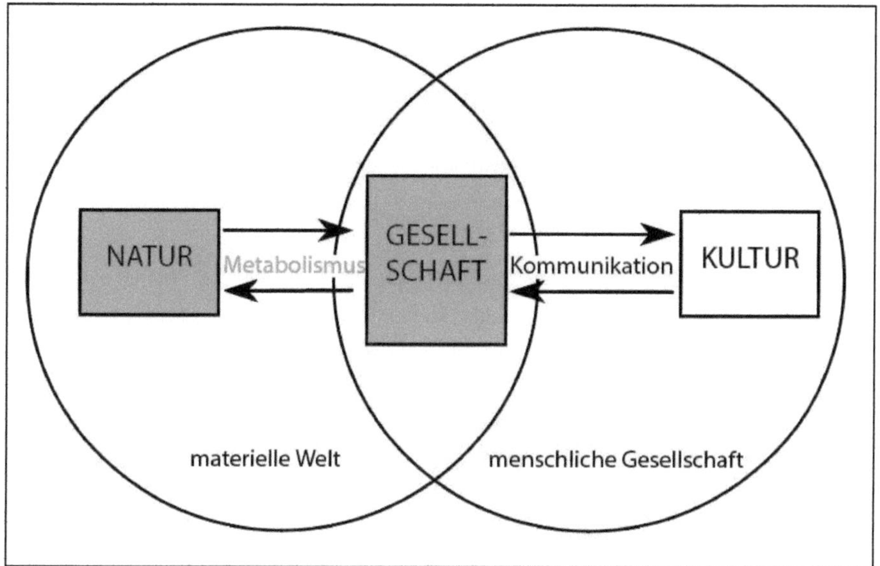

Abbildung 1: epistemologisches Modell (Quelle: verändert nach Groß 2011, S. 100)

Die direkteste Verbindung, also die materiellen und energetischen Austauschbeziehungen zwischen der Natur und der menschlichen Gesellschaft, nennt man gesellschaftlicher Stoffwechsel oder sozialer Metabolismus (vgl. Abbildung 1: epistemologisches Modell).

2.   <u>Energie</u>

In diesem Kapitel werden einige Grundannahmen und wichtige Definitionen zur Energie dargestellt, auf die sich die folgenden Kapitel immer wieder beziehen werden.

Energie ist zunächst einmal die Fähigkeit Arbeit zu verrichten (Hammer et. al. 2009, S. 14). Des Weiteren kann Energie in den unterschiedlichsten Formen vorkommen, beispielsweise als kinetische-, potentielle-, thermische- oder chemische Energie. Dabei kann die Gesamtenergiemenge eines abgeschlossenen Systems weder vermehrt noch verringert werden. Das ist der sogenannte Energieerhaltungssatz (Rebhan 2002, S. 5 ff.).

Somit können also verschiedene Energieformen ineinander umgewandelt werden, wobei die Gesamtsumme der Energien in gleicher Höhe erhalten bleibt.

Die SI- Einheit, die internationale Standardeinheit von Energie wird mit Joule (J) angegeben. Dies ist jedoch eine sehr kleine Maßeinheit, so dass für größere Energiemengen häufig die Einheit Watt (W) verwendet wird. 3.600 Joule entsprechen nämlich genau 1 Watt (Hammer et. al. 2009, S. 73).

Eine historische aber anschauliche Energieeinheit sind Kalorien. Dabei entsprechen 1 kcal etwa 1,163 W.

Noch größere Energiemengen werden in Kilowatt (kW), Megawatt (MW), Gigawatt (GW) oder Terrawatt (TW) angegeben. Wobei die Steigerung immer einer Zehnerpotenz entspricht. 1.000 Watt, sind also 1 Megawatt, 1.000 Megawatt entsprechen 1 Gigawatt und so weiter.

Jeder Stoff hat einen spezifischen Brennwert, daher wird bei dessen Verbrennung eine bestimmte Energiemenge frei, die sich dann in einer gut zu vergleichenden Einheit darstellen lässt. Beispielsweise wird bei der Verbrennung von 1 Liter Erdöl eine Energiemenge von 11,63 kW frei (Hammer/Hammer 2009, S. 74).

2.1. **Energiequellen**

Um den Energiebedarf für seine Ernährung, seine Fortbewegung und zur Gestaltung der Umwelt zu decken, bedient sich der Mensch unterschiedlichster in der Natur vorhandener Energiequellen. Die Energie dieser sogenannten Primärenergiequellen wurde noch keiner Umwandlung durch den Menschen unterzogen und ist noch unverarbeitet. Zu den Primärenergiequellen zählen beispielsweise Kohle, Erdöl, Wasserenergie oder Windenergie (Rebhan 2002, S. 36 f.).

Durch die Umwandlung der Primärenergieträger in eine für den Transport oder zur Nutzung besser geeignetere Form entstehen Sekundärenergien. Beispielsweise wird Erdöl durch ein Verbrennungskraftwerk zur Strom gewandelt oder aber durch Raffinerieprozesse zu Benzin, das wiederum als Kraftstoff für Fahrzeuge dienen kann.

Der Anteil der Sekundärenergie, der nach dem Transport und eventuell weiterer Umwandlungen schließlich beim Nutzer ankommt, wird als Endenergie bezeichnet. Das sind beispielsweise Strom, Fernwärme, warmes Wasser, Heizöl oder Kraftstoffe (Rebhan 2002, S. 38).

2.2. **Energieverluste**

Wie eingangs bereits erwähnt, kann bedingt durch den Energieerhaltungssatz Energie nicht verloren gehen, dennoch wird bei jedem Umwandlungsprozess ein Teil der Energiemenge unbrauchbar, da beispielsweise bei der Umwandlung von Erdöl in Strom, Abwärme durch die Verbrennung oder auch Reibungsverluste in den Turbinen die ausgegebene Menge an Sekundärenergie gegenüber der eingesetzten Primärenergiemenge schmälern. Umgangssprachlich wird dies mit Energieverlusten bezeichnet. Streng genommen kann Energie auch nicht verbraucht werden, da sie bei der Nutzung nur in verschiedene andere Formen umgewandelt wird, beispielsweise in chemische oder thermische Energie. Umgangssprachlich hat sich aber trotzdem der Begriff des Energieverbrauchs durchgesetzt.

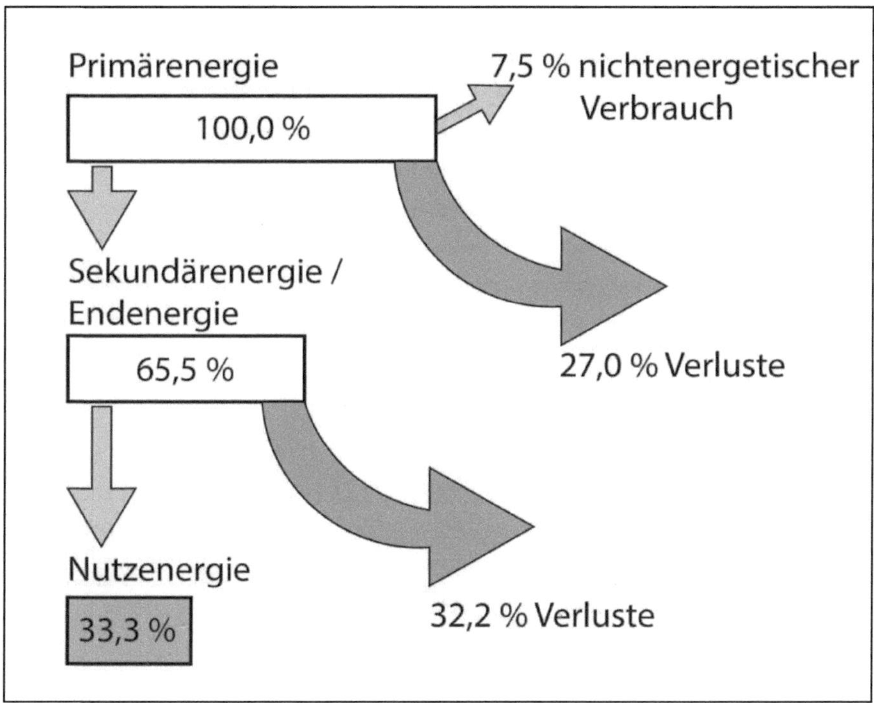

Abbildung 2: Energieverluste (Quelle: verändert nach Rebhan 2002, S. 38)

Durch die Umwandlungen und dem Transport geht ein erheblicher Anteil der Energie verloren. Um die Primärenergieträger überhaupt einmal zu bergen und nutzbar zu machen gehen 7,5 % verloren. Von der Primärenergie zur Sekundärenergie gehen weitere 27,0 % verloren und bei der Umwandlung von der Sekundärenergie zur Nutzenergie gehen noch einmal 32,2 % verloren. So dass durchschnittlich nur 33,3 % der eingesetzten Primärenergie als Nutzenergie zur Verfügung stehen (vgl. Abbildung 2: Energieverluste).

3. sozialmetabolische Regimes

„Unter einem sozialmetabolischen Regime wird eine stabile Organisationsform, des stofflichen und energetischen Austauschs von Gesellschaften mit ihrer natürlichen Umwelt verstanden." (vgl. Siemann 2003, S. 42)

Wichtig zu erwähnen ist, dass bei dieser Definition lediglich Gesellschaften aber keine Kulturen voneinander unterscheiden werden, denn innerhalb einer Gesellschaft können unterschiedlichste Kulturen existieren. Des Weiteren existieren aber auch verschiedene Gesellschaftsformen nebeneinander. So leben heute noch fast 2/3 der Weltbevölkerung in einer Agrargesellschaft und erst 1/3 in einer Industriegesellschaft (Krausmann und Schandl 2006, S. 30). Bei der Einteilung in sozialmetabolische Regimes steht nicht das kulturelle Wirken der Menschen oder die Bevölkerungsentwicklung im Vordergrund, sondern der energetische Stoffwechsel. Prinzipiell gilt, dass die Größe und die Entwicklungsmöglichkeiten einer Gesellschaft direkt abhängig sind von der ihr zur Verfügung stehenden Energiemenge (Krausmann und Schandl 2006, S. 31). Wenn also die maximale Größe einer Gesellschaft erreicht ist oder sich externe Bedingungen drastisch ändern, muss durch eine „Revolution" ein Weg gefunden werden neue Energiequellen zu erschließen oder die Größe der Gesellschaft muss angepasst werden (vgl. Abbildung 3: sozialmetabolische Regimes).

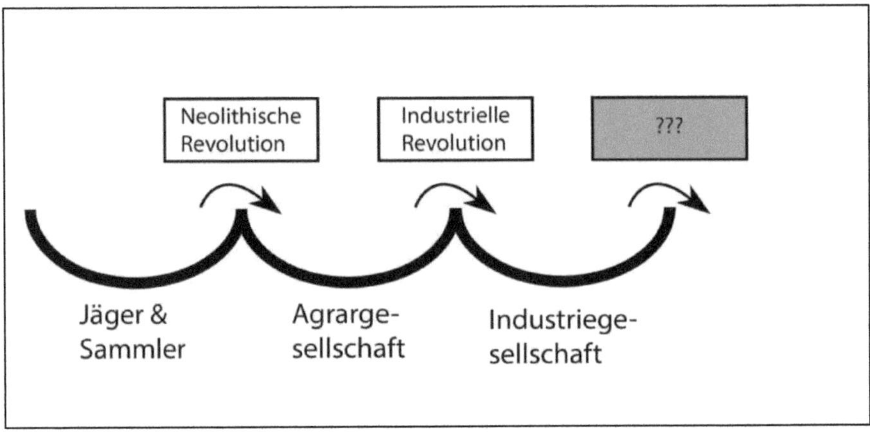

Abbildung 3: sozialmetabolische Regimes (Quelle: verändert nach Groß 2011, S. 114)

Dabei ergeben sich im historischen Kontext drei sozialmetabolische Regimes. Das der Jäger- und Sammlergesellschaften, das der Agrargesellschaften und das der Industriegesellschaften. (Siemann 2003, S. 42)

3.1. Jäger- und Sammlergesellschaften

Das metabolische Regime der Jäger- und Sammlergesellschaften begann vor ca. zwei Millionen Jahren. Die Energiequelle dieser Gesellschaft ist fast ausschließlich die Sonnenenergie, denn diese treibt das Wachstum der Pflanzen an, welche wiederum als Nahrungsgrundlage für Beutetiere oder den Menschen dienen. Der Mensch braucht die in der Nahrung enthaltene Energie, um sich selbst am Leben zu erhalten. Dabei braucht ein Mensch, natürlich abhängig von Alter, Geschlecht, Gewicht, sowie äußeren Einflüssen, etwa der Außentemperatur, im Durchschnitt 2.400 kcal / Tag. Die Nahrung besteht im Wesentlichen aus den drei Hauptbestandteilen, Fett, Eiweiß, sowie Kohlehydraten, wobei Fett mit 9,3 kcal/ g mit am energiereichsten ist. Eiweiß, sowie Kohlehydrate sind mit jeweils 4,1 kcal/ g weniger energiereich (Kunsch 1997, S. 200 ff.).

Dies ist die Mindestenergiemenge, die der Mensch, organisiert in Gesellschaften aus der materiellen Welt nehmen muss, um sich selbst am Leben zu erhalten. Man bezeichnet diesen Mindestumsatz auch als den basalen Metabolismus (Siemann 2003, S. 42).

Um jedoch eine ganze Gesellschaft am Leben zu erhalten, müssen Transportleistungen erbracht werden, Behausungen erbaut werden, Regeln für das Zusammenleben erstellt werden und so weiter. Deshalb steigt der Energieumsatz pro Person auf das sechsfache des basalen Metabolismus an(Siemann 2003, S. 43). In Zahlen ausgedrückt bedeutet das, dass jeder Mensch in einer Jäger- und Sammlergesellschaft durchschnittlich 14.400 kcal/ Tag verbraucht. Diese Energiemenge wird nicht nur in Form von Nahrung aus der materiellen Welt genommen, sondern beispielsweise auch in Form von Brenn- oder Feuerholz.

Im Laufe der Zeit tragen Verbesserungen, wie Jagdstrategien, intensivere Nutzung des Feuers oder die Entwicklung von Werkzeugen dazu bei, dass neue Lebensräume erschlossen werden können und die zur Verfügung stehende Energiemenge dadurch erhöht oder effektiver genutzt werden kann. Jedoch beruht die Energiegewinnung ausschließlich auf einer unkontrollierten Nutzung der Sonnenenergie, die Menschen schalten sich zwar in gegebene Energieflüsse ein, ohne diese aber stark zu modifizieren. Der Mensch hat noch keinen nennenswerten Einfluss auf seine Umwelt und lebte von in Biomasse umgewandelte Sonnenenergie (Siemann 2003, S. 43 ff.).

Durch die stetig ansteigende und somit zur Verfügung stehenden Energiemenge steigt die auch Bevölkerung allmählich an und zwar so lange bis ca. 8.000 v.Chr. die Überlebensstrategie der Jäger und Sammler nicht mehr ausreicht die Gesellschaft ausreichend zu versorgen, durch diesen Druck entstehen zunächst entlang von Küsten und anderen begünstigten Räumen, etwa entlang von Flüssen erste sesshafte Gesellschaften. Den Zeitpunkt der Umwandlung von Jäger und Sammlergesellschaften zu Agrargesellschaften, nennt man Neolithische Revolution. Der Beginn der Jungsteinzeit (Pape 2009, S. 7 ff.).

3.2. <u>Agrargesellschaften</u>

Das metabolische Regime der Agrargesellschaften begann vor ca. 10.000 Jahren. Wie auch die Jäger und Sammlergesellschaften schalteten sich die Agrargesellschaften in natürliche Solarenergieflüsse ein, doch kontrollierten sie im Gegensatz zu den Jägern und Sammlern diese Energieflüsse. Man spricht deshalb von einem technisch modifizierten Solarenergiesystem. Das Agrarsystem nutzte neben der Bewirtschaftung von Äckern, Weiden und Wäldern vor allem Nutztiere als Nahrungsmittel, Kraftquelle und Transportmittel. Zu diesem Zweck versuchte man die Lebensprozesse weitestgehend zu kontrollieren. Wälder wurden gerodet, Äcker angelegt. Man bepflanzte, bewässerte und kontrollierte diese. Man versuchte Schädlinge zu beseitigen und Nutztiere zu vermehren. Die Strategie der Agrargesellschaften bestand also darin ursprüngliche Ökosysteme, vor allem die Vegetation zu beseitigen und die so gewonnen Flächen für eigene Zwecke zu optimieren (Siemann 2003, S. 45 ff.).

Vor allem die innerhalb der Agrargesellschaften vorhandenen Hochkulturen, wie Griechen oder Römer, konnten durch die Weiterentwicklung von Werkzeugen und mechanischer Geräte, die Sonnenenergie indirekt mit Hilfe von Wind- und Wasserkraft in mechanische Energie umwandeln. Beispielsweise die Erfindung von Wind- und Wassermühlen, oder das Segelschiff. Trotzdem war die zur Verfügung stehende Energiemenge weiterhin sehr klein, was auf die Energiedichte der Sonnenstrahlung zurückzuführen ist, welche als der limitierende Faktor gilt. Denn die Strahlungsenergie der Sonne trifft mit einer Energiedichte von 1360 W/m² an der äußeren Hülle der Erdatmosphäre auf (Hammer et. al. 2009, S. 81). Aber durch Bewölkung und Ekliptik der Erde kommen an der Erdoberfläche nur noch zwischen 0 – und 300 W/m² an. Die höchste Energiedichte mit ca. 250 W/m² ist natürlich in der Nähe des Äquators vorzufinden, die geringste Einstrahlung in der Nähe von Nord- und Südpol mit nahezu 0 W/m² (vgl. Abbildung 4: Strahlungshaushalt der Erde).

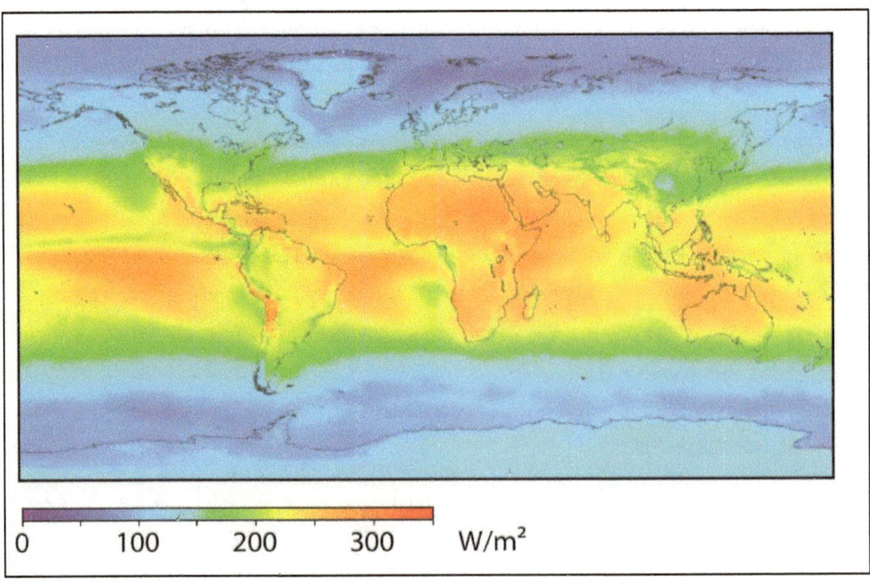

Abbildung 4: Strahlungshaushalt der Erde (Quelle: Loster 2017, S. 1)

Die dem Menschen zur Verfügung stehende Energiemenge ist limitiert und steht des Weitern im direkten Zusammenhang mit der verfügbaren Fläche, die Lage dieser Fläche auf der Welt, ihrer biologischen Produktivität und der spezifischen Ausprägung der Landnutzung. So gilt für Agrargesellschaften außerdem, dass die Energie nur kurz in Form von Biomasse zwischengespeichert werden kann (Siemann 2003, S. 47 f.).

Beispielsweise würde Alles verfügbare Obst und Gemüse lediglich für ein Jahr Energie liefern. Alle Nutztiere zusammen etwa für maximal 25 Jahre. Der größtmögliche Energiebestand auf den Agrargesellschaften somit zurückgreifen konnten, ist ein Urwald (vgl. Abbildung 5: Energiebestände in Agrargesellschaften).

Bestand:	Gespeicherte Energie (in Jahren):
Urwald	300
bewirtschafteter Wald	80
Niederwald	20
Großvieh (Pferde, Rinder)	10 – 20
Kleinvieh (Schweine, Schafe)	2 – 5
Geflügel	1 – 2
Obst, Gemüse	1

Abbildung 5: Energiebestände in Agrargesellschaften (Quelle: verändert nach Siemann 2003, S. 48)

Der Rohstoff Holz spielte in seiner vielseitigen Verwendbarkeit als Bau- und Brennstoff eine immer größere Rolle, am Ende der Agrargesellschaften ca. um 1.800 n. Chr. erbrachte er den überwiegenden Teil der Energieversorgung (Pape 2009, S. 11). Insgesamt verbraucht ein Mensch im Agrarzeitalter mindestens das 18- fache des basalen Grundumsatzes an Energie, also umgerechnet 43.200 kcal/ Tag (Siemann 2003, S. 43).

3.3.   Industriegesellschaften

Die Industriegesellschaft ist diejenige Gesellschaftsform, in der sich die Menschheit seit ca. 200 Jahren befindet. Industrialisierung ist jener Prozess, der vor etwa 250 Jahren in England begonnen hat und sich von dort zunächst über Europa und die USA ausgebreitet hat und inzwischen das globale Wirtschaftssystem dominiert (Krausmann und Schandl 2006, S. 30).

Energetisch beruht diese Transformation auf der Nutzung fossiler Energieträger, wie etwa Kohle, Erdöl, oder Erdgas. Der wichtigste Fortschritt war dabei die Erfindung der Dampfmaschine, mit der die unterirdischen Kohlelagerstätten effizienter abgebaut werden konnten. Mit dem Zugriff auf diesen unterirdischen Wald, wurde das Energiesystem stetig von der verfügbaren Fläche entkoppelt.

Des Weiteren haben fossile Energieträger eine wesentlich höhere Energiedichte und können über weite Strecken transportiert, sowie gut gelagert werden (Krausmann und Schandl 2006, S. 31 f.). Dies bedeutet für die Industriegesellschaft, dass sie auch unabhängig von Standorten, Wetter- und Jahreszeiten produzieren kann.

In der ersten Phase der Industrialisierung, ca. ab 1860 stellte Kohle einen geeigneten Ersatz für Brennholz dar, so dass Waldflächen nicht mehr allzu intensiv bewirtschaftet werden mussten, da weniger Feuerholz benötigt wurde und fast vollständig durch Acker- und Weideland ersetzt werden konnten (Krausmann und Schandl 2006, S. 31). Somit stieg die verfügbare Menge an Nahrungsenergie stark an, was zu einem raschen Bevölkerungsanstieg führte. Der Anteil von Kohle an der Primärenergie stieg schnell, von 10 Millionen Tonnen im Jahr 1860 auf 760 Millionen Tonnen im Jahr 1910 und wuchs zwischenzeitlich auf fast 50% der gesamten Energielieferanten an (International Energy Agency 2010, S. 3 ff.).

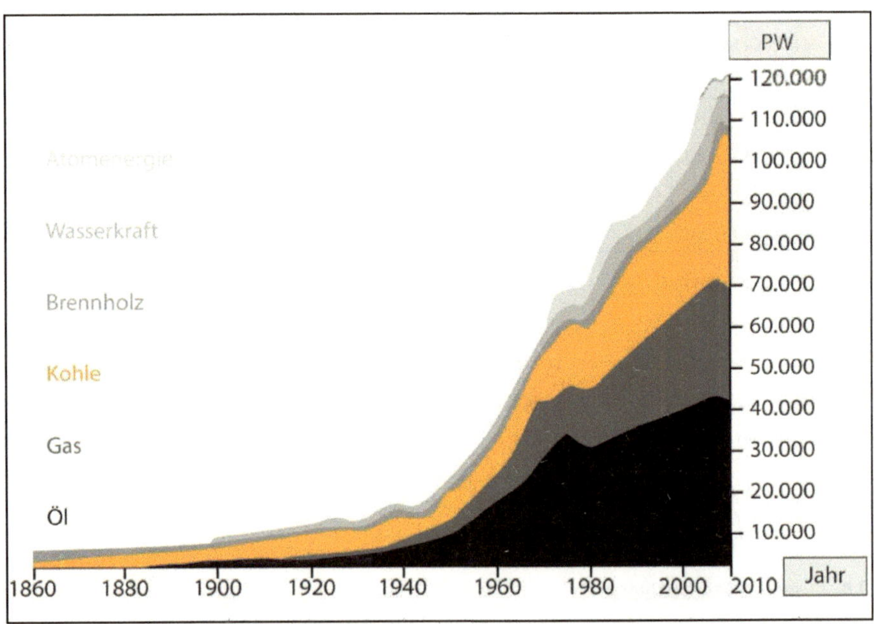

Abbildung 6: weltweiter Energieverbrauch im industriellen Zeitalter 1860 - 2010 (Quelle: verändert nach International Energy Agency 2010, S 3 ff.)

Aber erst in der ersten Hälfte des 20. Jahrhunderts begann die vollständige Entkopplung des Energiesystems von der Fläche und die Entkopplung von menschlicher Arbeitsleistung, durch die neuen Energieträger Erdöl, Erdgas, sowie der allgemeinen Elektrifizierung (vgl. Abbildung 6: weltweiter Energieverbrauch im industriellen Zeitalter 1860 – 2010). In dieser Phase nahm besonders der Energieumsatz von Haushalten durch elektrische Haushaltsgeräte, Heizungen und den

Individualverkehr besonders stark zu. Vor allem aber im Bereich der Landwirtschaft wurde nahezu die gesamte Arbeitsleistung aller Nutztiere und der meisten Menschen ersetzt (Krausmann und Schandl 2006, S. 33 f.). Diese Entkoppelung führt zu einem neuen Niveau des Energie- und Materialumsatzes pro Person. Ein Mensch in einer Industriegesellschaft benötigt über das 70- fache an Energie des basalen Metabolismus. Umgerechnet sind das 168.000 kcal/ Tag.

4. Energiebedarf Österreichs

Der Energiebedarf von Österreich ähnelt dem eines jeden Industrielandes. Jedoch begann die Industrialisierung erst ca. 60 Jahre nach der Englands und zwar um 1830 (Fischer-Kowalski und Haberl 2007, S. 38 ff.). Grundlage der Energiegewinnung waren zunächst Biomasse und Holz, ergänzt durch Kohle ab ca. 1855 und ab dem zweiten Weltkrieg dann auch zunehmend durch Erdöl und Erdgas.

Schaut man sich das Energieflussdiagramm von Österreich etwas genauer an fällt auf, dass die Anteile von importierter Energie und in Österreich gewonnener Energie etwa gleich groß sind. Allerdings sind die Importanteile von Biomasse relativ klein, da in den ländlichen Räumen Österreichs zum Teil noch intensiv Land- und Forstwirtschaft betrieben wird. Der überwiegende Teil der fossil genutzten Energie wird hingegen importiert (vgl. Abbildung 7: Energieflussbild Österreich 2010).

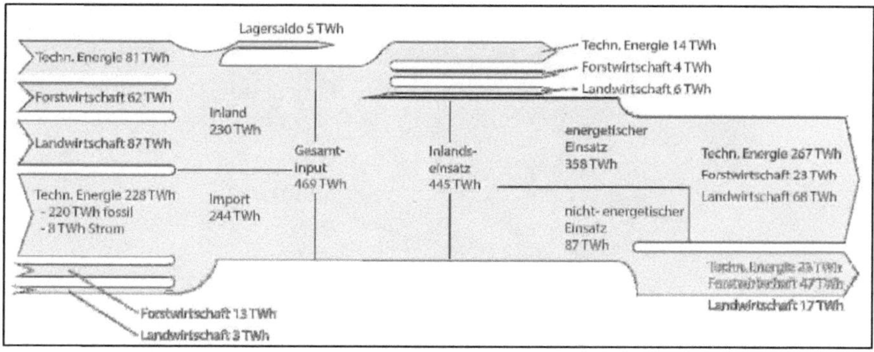

Abbildung 7: Energieflussbild Österreich 2010 (Quelle: verändert nach Fischer- Kowalski und Haberl 1997, S. 86

Von diesem Gesamtenergieinput kommen circa 35 % aus Land- und Forstwirtschaft, Wasserkraft und Fossilenergie hingegen machen die restlichen 65 % aus. Circa 5 % der vorhandenen Energie werden exportiert. Außerdem wird ein kleiner Teil zwischengelagert (Fischer-Kowalski und Haberl 1997a, S. 85 ff.). 75 % der nun im Inland vorhandenen Energie werden für den energetischen Einsatz genutzt. Also zur Stromerzeugung, für den Verkehr oder die Beheizung von Wohnungen. 25 % werden nicht energetisch genutzt zur Herstellung verschiedener Produkte.

Schaut man sich den Energieeinsatz genauer an fällt auf, dass allein 30 % der zur Verfügung stehenden Energiemenge dazu genutzt werden warmes Wasser aufzubereiten und Gebäude zu beheizen (Bundesministerium für Wissenschaft, Forschung und Wirtschaft 2016, S. 51 ff.).

17 % werden für alle Arten der Verkehrsmittel benutzt. Den größten Anteil hat dabei der Individualverkehr. 3 % werden zur Beleuchtung, 22 % werden zur Herstellung von Lebensmitteln, 10% für mechanische Arbeit und 18 % für Prozesswärme genutzt (vgl. Abbildung 8: Energieeinsatz).

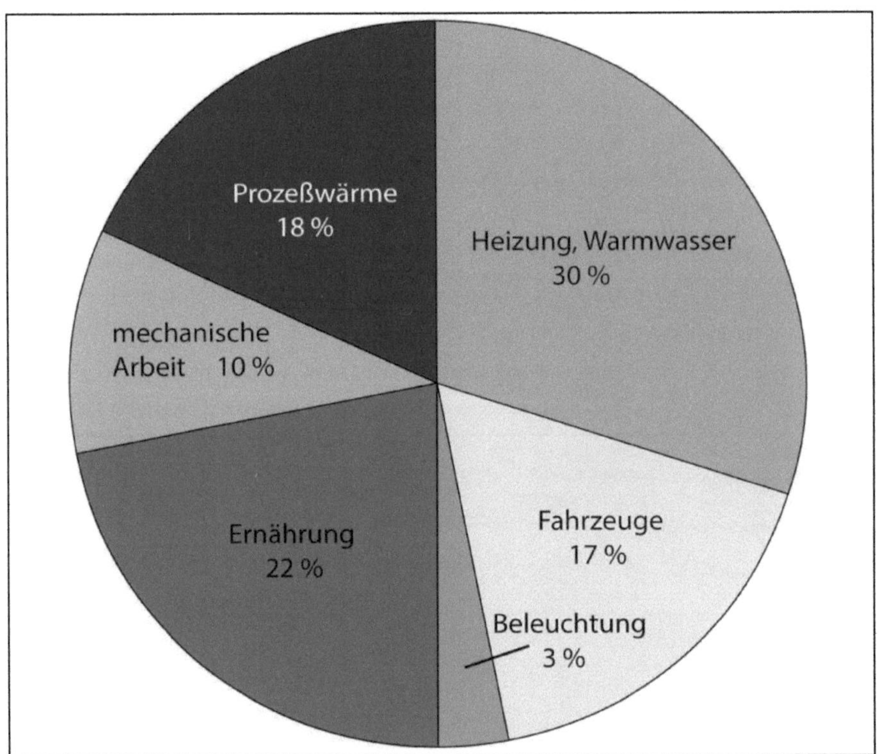

Abbildung 8: Energieeinsatz Österreich (Quelle: Bundesministerium für Wissenschaft, Forschung und Wirtschaft 2016, S. 51 ff., eigene Darstellung)

5.   <u>globalisierte Gesellschaften</u>

Die Nutzung fossiler Brennstoffe, auf der die Gesellschaft heute basiert, hat jedoch so stark zugenommen, dass inzwischen pro Jahr eine Energiemenge von etwas mehr als 1 % aller förderbaren fossilen Energieträger benötigt wird. Diese Energieressourcen können zwar kurzfristig leicht mobilisiert und genutzt werden aber sie sind im Gegensatz zur erneuerbaren Biomasse endlich. Und inzwischen ist sogar schon absehbar, wann alle Vorräte aufgebraucht sind. Denn bleibt die

Förderleistung der fossilen Energieträger auf gleich hohem Niveau und wenn sich wirklich alle bekannten Ressourcen auch bergen lassen, gehen die fossilen Energieträger in etwas mehr als 100 Jahren aus (Bräutigam 2013, S. 1).

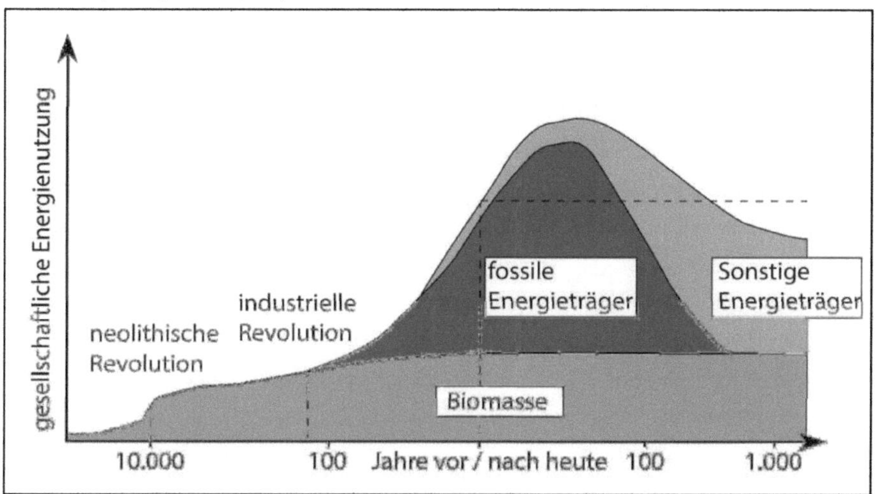

Abbildung 9: gesellschaftliche Energienutzung, zeitlicher Verlauf (Quelle: verändert nach Fischer Kowalski und Haberl 1997, S. 33)

Zwar gewinnen Alternative Formen, wie die Gewinnung von Energie aus Wind- und Wasserkraft immer mehr an Bedeutung, jedoch reicht es noch nicht, um die entstehende Lücke (vgl. Abbildung 9: gesellschaftliche Energienutzung, zeitlicher Verlauf) zwischen benötigter und verfügbarer Energie zu schließen (Fischer-Kowalski und Haberl 1997b, S. 31). Die Nutzung dieser fossilen Energieträger führt auf der anderen Seite zu einem ganz enormen Problem, denn der globale Umweltwandel ist das Resultat von 250 Jahren Industrialisierung in den heutigen Industrieländern. 4/5 aller CO2 Emissionen wurden im Laufe dieses Prozesses von nur 20 % der Weltbevölkerung emittiert. Die andern etwa 2/3 der Weltbevölkerung befinden sich auf einem metabolischen Niveau von Agrargesellschaften oder der frühen Industrialisierung. Diese Länder übernehmen aber auf Grund der Globalisierung das industrielle Muster sehr schnell. Dabei läuft der Transformationsprozess wesentlich zügiger voran als in den europäischen Staaten im 18./ 19. Jahrhundert (Krausmann und Schandl 2006, S. 33 f.). Es ist noch nicht absehbar zu welchem Energieumsatz dieser Prozess führen wird und ob überhaupt genug Ressourcen für die Industrialisierung der gesamten Welt vorhanden sind.

Das aktuelle sozialmetabolische Regime dominiert durch die Nutzung fossiler Energieträger, davon ausgenommen sind alle regenerativen Energieträger wie die Wasserkraft oder die Windkraft. Vor dem Hintergrund, dass die fossilen Energieträger zu Ende gehen werden und im großen Ausmaß zum globalen Klimawandel beitragen ist es dringend notwendig zu überlegen, welches Regime als nächstes kommen wird. Ein stabiles und nachhaltiges Regime ist nur dann möglich, wenn die Menschheit nicht mehr Energie verbraucht, als über die Sonne direkt und indirekt zur Verfügung gestellt werden (Sieferle et al. 2006, S. 330 ff.). Ein Lösungsansatz soll in den folgenden zwei Kapiteln 5.1. und 5.2. und dem Fazit 6. vorgestellt werden.

5.1.   Wasserkraft am Beispiel Österreichs

Circa 1/3 des österreichischen Strombedarfs kommt heute schon aus Wasserkraftwerken. Auf dieser Karte sind die Wasserkraftwerke Österreichs verzeichnet, welche überwiegend Laufwasserkraftwerke entlang der Flüsse, wie Salzach oder Mur sind. In den Gebirgsregionen steht größtenteils ausreichend Reliefenergie zur Verfügung.

In den Hochgebirgsregionen, wo die Reliefenergie besonders hoch ist, befinden sich auch vereinzelt einige Speicherkraftwerke. Im Alpenvorland, also im Norden und Nordosten Österreichs befinden sich auf Grund der fehlenden Reliefenergie deutlich weniger Wasserkraftwerke (vgl. Abbildung 10: Wasserkraftwerke in Österreich, Stand 2014).

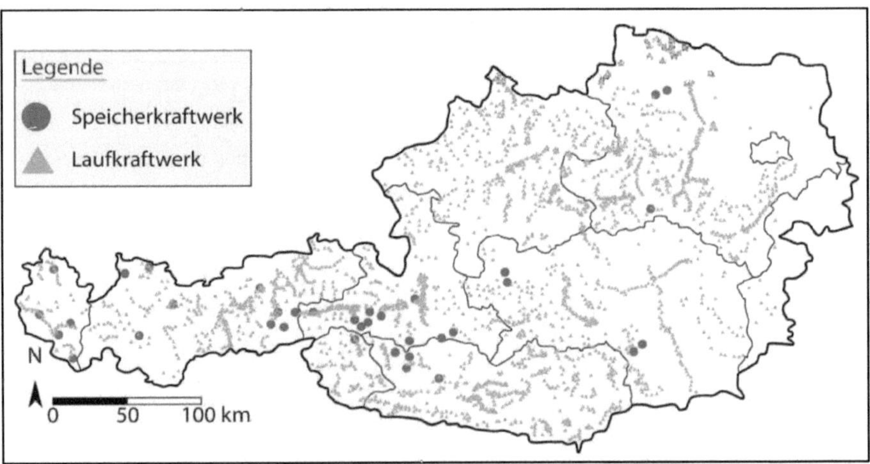

Abbildung 10: Wasserkraftwerke in Österreich, Stand 2014 (Quelle: Bundeskanzleramt Österreich 2014, eigene Darstellung)

5.2.   Windkraft an der Nordseeküste

Ein weiteres großes Potential an regenerativen Energien bietet die Windkraft. Vor allem in Norden Europas an den Küstenlinien der Länder Großbritannien, Norwegen, Dänemark, Deutschlands, sowie den Niederlanden weht ein kräftiger und beständiger Wind, teils mit einer Geschwindigkeit von 14 m/s.

Abbildung 11: Windpark an der britischen Nordseeküste (Quelle: eigenes Bildmaterial)

6.   <u>Fazit</u>

Die Literatur nutzt das Modell des sozialen Metabolismus vor allem, um den historischen Material- und Energiefluss zwischen dem Menschen und seiner materiellen Umwelt zu beschreiben, jedoch wenig, um in die Zukunft zu blicken und Lösungsansätze zu finden.

Die Herausforderung in Zukunft wird die ausreichende Einspeisung von Energie in das Stromnetz sein. Die Laufwasserkraftwerke liefern eine konstante aber nicht allzu hohe Strommenge. Bei den Windkraftanlagen stellen die ständigen Schwankungen der Windstärke ein Problem dar. Dies könnte aber durch die Vernetzung von Windkraftwerken in unterschiedlichen geografischen Regionen ergänzt durch den Einsatz von Speicher- und Pumpspeicherkraftwerken ausgeglichen werden.

Seit Jahren entstehen daher viele neue Wasserkraftwerke in Gebirgsregionen und Windkraftwerke entlang der Küsten aber auch auf hoher See (vgl. Abbildung 11: Windpark an der britischen Nordseeküste).

Die Definition eines zukünftigen, nachhaltigen Regimes könnte daher die vernetzte und globalisierte Welt auf Basis eines kontrollierten und nachhaltigen Solarenergieregimes sein.

Eine der größten Aufgaben dürfte dabei sein, den Strom aus der Peripherie an die industriellen Zentren zu verteilen. Dafür sind vernetzte Stromnetze auch über Ländergrenzen hinweg erforderlich.

Die Theorie des sozialen Metabolismus lässt zwar viel Spielraum und Andockmöglichkeiten für weitere Wissenschaftsdisziplinen dennoch sind viele Faktoren zu beachten. Vor allem soziale und politische. Beispielsweise muss auch eine Vernetzung zwischen solchen Ländern erfolgen, die bisher kaum partnerschaftliche Beziehungen pflegen. Und schlussendlich muss auch die lokale Bevölkerung mit an der sogenannten Energiewende beteiligt werden. Die Revolution zurück in einem reinen solaren sozialmetabolischen Regime.

Literaturverzeichnis

Bräutigam, T. (2013): Fossile Energieträger reichen noch 100 Jahre. In: *Wirtschafts Woche,* zuletzt geprüft am 23.04.2017.

Bundeskanzleramt Österreich (2014): Wasserkraftwerke in den Bundesländern. GIS - offene Daten Österreichs. Hg. v. Bundeskanzleramt Österreich. Wien. Online verfügbar unter https://www.data.gv.at/impressum/, zuletzt aktualisiert am 22.03.2017, zuletzt geprüft am 23.03.2017.

Bundesministerium für Wissenschaft, Forschung und Wirtschaft (2016): Energiestatus Österreich 2016. Entwicklung bis 2015.

Fischer-Kowalski, M.; Haberl, H. (1997): Stoffwechsel und Kolonisierung: Ein universalhistorischer Bogen. In: *IFF Soziale Ökologie.*

Fischer-Kowalski, M.; Haberl, H. (Hg.) (2007): Socioecological transitions and global change. Trajectories of social metabolism and land use. ebrary, Inc. Cheltenham, UK, Northampton, MA: Edward Elgar (Advances in ecological economics).

Groß, M. (Hg.) (2011): Handbuch Umweltsoziologie. 1. Aufl. Wiesbaden: VS Verl. für Sozialwiss.

Hammer H.; Hammer A. (2009): Physikalische Formeln und Tabellen. München: Lindauer.

International Energy Agency (Hg.) (2010): 2010. Keyworld Energy Statistics. Paris. Online verfügbar unter http://ua-energy.org/upload/files/key_stats_2010.pdf, zuletzt geprüft am 24.03.2017.

Krausmann, F.; Schandl, H. (2006): Industrialisierung als sozialökologischer Regimewechsel. Ein Blick auf die historische Nachhaltigkeitsforschung. In: *Ökologisches Wirtschaften* 10 (4).

Kunsch, K. (1997): Der Mensch in Zahlen. Eine Datensammlung in Tabellen mit über 17.000 Einzelwerten. Stuttgart: Fischer.

Loster, M. (2017): Solarkonstante Karte. Hg. v. Paradigma Deutschland GmbH. Dettenhausen. Online verfügbar unter http://www.paradigma.de/impressum, zuletzt geprüft am 24.03.2017.

Pape, A. (2009): Sozialer Metabolismus und Nachhaltigkeit im universalhistorischen Kontext: Grin Publishing.

Rebhan, E. (Hg.) (2002): Energiehandbuch. Gewinnung, Wandlung und Nutzung von Energie ; mit 202 Tabellen. Berlin: Springer (Engineering online library).

Sieder, R.; Langthaler, E. (2010): Globalgeschichte 1800 - 2010. Wien: Böhlau.

Sieferle, R. P.; Krausmann, F.; Schandl, H.; Winiwarter, V. (2006): Das Ende der Fläche. Zum gesellschaftlichen Stoffwechsel der Industrialisierung. Köln/Wien: Böhlau Verlag (Umwelthistorische Forschungen). Online verfügbar unter http://gbv.eblib.com/patron/FullRecord.aspx?p=4714865.